Ciel

my
Life
my
Style

Burgers!
漢堡聖經

瓦雷西‧杜葉 Valéry Drouet／著
Pierre-Louis Viel／攝影　嚴慧瑩／譯

開場白！

不論是隨口解饞或是三五好友共享一頓美食，變化萬千的漢堡、貝果
和熱狗堡現在晉升為真正的美食食譜……不論是花俏還是樸實，最重
要的前提是：慷慨與朋友一起分享！

生牛肉片烤蔬菜堡、脆皮雞排堡、泰式鮮蝦堡、鴨胸起司貝果，或是
甜的屋比派巧克力杏仁鮮奶油堡……就算最刁的嘴、那些錯誤認為
漢堡等同於垃圾食物的嘴也都臣服其下！做出美味漢堡的祕密武器就
是：新鮮的食材和美味的自製醬汁（作法見 p.16-17）。

倘若時間允許，最好麵包也自己動手做（作法見 p.12-13），製作出各種
形狀和各種香味的麵包（香料、香菜香草……）來妝點漢堡，再巧手
撒下各式種籽：芝麻、罌粟籽……

沒有時間的話，善用各種口味的小圓麵包（所有大型麵包店都買得
到），或是在大賣場也看得到的各式麵包，效果也不錯。您也可以請
麵包店為您「量味訂做」做出適合口味的小麵包。

無論如何，和朋友分享這些美味精緻的漢堡時，別忘了搭配上馬鈴薯
餅、瑞士馬鈴薯煎餅、葡萄乾高麗菜沙拉（作法見 p.20-21），更別忘了
一杯冰涼啤酒或一杯適合的葡萄美酒（作法見 p.138-139 建議酒單）。

請享用！

目次

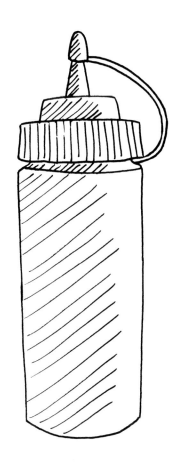

熱狗堡 & 貝果！

魚類 & 蔬菜！

甜漢堡！

搭配什麼酒？ 138

麵包 & 小餐包！

格魯耶爾起司麵包
AU GRUYÈRE

醃肉丁麵包·
AUX LARDONS

橄欖麵包
AUX OLIVES

咖哩麵包
AU CURRY

西班牙臘腸麵包
AU CHORIZO

卡門貝爾起司麵包
AU CAMEMBERT

Fred 麵包
Saint-Blaise 麵包店地址 26, rue Gustave-Zurcher, 27400 Montaure

南瓜籽麵包
**NATURE AUX GRAINES
DE COURGE**

魷魚墨汁罌粟籽麵包
**À L'ENCRE DE SEICHE
ET AU PAVOT**

咖哩芝麻麵包
**AU CURRY
ET AU SÉSAME**

芝麻麵包
NATURE AU SÉSAME

匈牙利紅椒粉麵包
AU PAPRIKA

油漬番茄麵包
**AUX TOMATES
CONFITES**

Gontran 麵包
Gontran 麵包店網址 www.gontrancherrierboulanger.com

傳統小麵包

6個小麵包的量

麵糰

- 400g 麵粉
- 8g 麵包酵母粉
- 250g 溫水
- 8g 鹽

內料（任選）

- 80g 粗切的橄欖
- 100g 先煎過的醃肉丁
- 80g 格魯耶爾起司絲
- 120g 切丁的卡門貝爾起司
- 100g 西班牙臘腸切小片
- 80g 切小片的油漬番茄
- 80g 切碎的核桃仁
- 1 大湯匙咖哩粉

裝飾（任選）

- 2 湯匙各式種籽：藏茴香、孜然、大茴香、芝麻、罌粟籽⋯⋯
- 蛋黃 1 個

1　製作麵糰：在食物處理機攪拌盆裡混合麵粉、水、鹽和酵母粉。用攪麵棒先低速揉拌5 分鐘，轉稍微高速繼續揉拌 8-10 分鐘。放入選用的內料。

2　將麵糰分成 6 小份，放置烤盤上。用小刷子把以水稀釋的蛋黃刷在麵糰表面，撒上任選的種籽。讓麵糰在室溫下放置膨脹 30-45 分鐘。

3　以 210℃ 預熱烤箱（烤度 7），烤箱內放 1 小杯水。

4　放入麵糰烤 15-20 分鐘。

5　烤好的麵包放涼後，小心橫切為兩半再放入夾的餡料。

> 麵包形狀可自由發揮（圓形、長方形、正方形）；內夾肉的形狀再依麵包形狀調整。

> 夾成漢堡之前先把切半的麵包烤一下，口感會更好。

> 可以買現成的夾熱狗麵包、貝果、義大利拖鞋麵包是牛奶麵包，也可以向麵包店訂製。

（漢堡專用）的小圓麵包

6個小麵包的量

麵糰

- 500g 麵粉
- 25g 麵包酵母粉
- 300ml 溫水
- 35g 室溫放軟的奶油
- 10g 鹽

為麵包增色加味（任選）

- **黑色麵包**：滿滿1湯匙魷魚墨汁（請魚販預留）
- **黃色麵包**：1小茶匙薑黃粉或咖哩粉
- **紅色麵包**：1湯匙匈牙利紅椒粉，或100g切成小丁的油漬番茄，或1撮卡宴辣椒粉

裝飾（任選）

- 2湯匙各式種籽：芝麻（白的或黑的）、罌粟籽、黑種草籽、南瓜籽、亞麻籽、匈牙利紅椒粉、孜然、藏茴香

1. **製作麵糰**：在食物處理機攪拌盆裡混合麵粉、水、鹽、酵母粉、奶油，並放入增色加味的材料。用攪麵棒先低速揉拌5分鐘，轉稍微高速繼續揉拌8-10分鐘。讓麵糰在攪拌盆裡靜置30分鐘。

2. 將麵糰分成6小坨，放置烤盤上。用小刷子把以水稀釋的蛋黃刷在麵糰表面，撒上任選的種籽。讓麵糰在室溫下放置膨脹45分鐘。

3. 以210℃預熱烤箱（烤度7），烤箱內放1小杯水。

4. 放入麵糰烤15分鐘。

5. 烤好的麵包放涼後，小心橫切為兩半再放入夾的餡料。

醬汁！

番茄醬
KETCHUP

香菜白醬
SAUCE BLANCHE AUX HERBES

蛋黃醬
MAYONNAISE MAISON

辣味番茄醬
SAUCE CHILI

咖哩醬
SAUCE CURRY

法式貝亞恩醬
SAUCE BÉARNAISE

所有醬料都是6人份

香菜白醬

- ✧ 120g 白起司或 1 個希臘式優格
- ✧ 2 湯匙蛋黃醬
- ✧ 1 撮卡宴辣椒粉
- ✧ 1 顆切碎的蒜頭
- ✧ 1 顆切碎的紅蔥頭
- ✧ 1 把切碎的細香蔥
- ✧ 鹽、現磨胡椒

1 在碗裡混合白起司和蛋黃醬。加入細香蔥、蒜頭、紅蔥頭和辣椒粉。加鹽、胡椒，混合均勻。

2 放冰箱冷藏。

番茄醬

- ✧ 500g 熟透的番茄
- ✧ 1 個切碎的洋蔥
- ✧ 1 顆切碎的蒜頭
- ✧ 1 撮紅辣椒粉
- ✧ 100ml 酒醋
- ✧ 100g 細砂糖
- ✧ 鹽、現磨胡椒

1 洗淨番茄，去籽後切小塊，放進鍋裡，加入糖、醋、洋蔥、蒜頭、紅辣椒粉、鹽和胡椒。小火煮 1.5-2 小時，不時攪拌一下。

2 醬汁用細篩篩過，放涼。

咖哩醬

- ✧ 150g 蛋黃醬
- ✧ 1 平茶匙咖哩粉
- ✧ 1 湯匙咖哩泥
- ✧ 2 湯匙萊姆汁
- ✧ ½ 把芫荽（可加可不加）

1 在碗裡混合蛋黃醬和咖哩粉，加入咖哩泥和萊姆汁，最後再加入切碎的芫荽。

2 放入冰箱冷藏。

想調出重口味的番茄醬，可在煮醬時加入 ½ 支去籽辣椒或 2 湯匙的 Tabasco 辣醬。

蛋黃醬

✧ 1 個蛋黃
✧ 1 大湯匙芥末醬
✧ 1 湯匙酒醋
✧ 200ml 植物油
✧ 鹽、現磨胡椒

1 在碗裡混合蛋黃和芥末醬。徐徐倒入植物油，不斷攪拌。加入鹽和胡椒。

2 最後加進酒醋。

> 以這蛋黃醬為基底，可隨您口味變化出各種版本！

辣味番茄醬

✧ 100g 番茄醬
✧ 2 顆切碎的紅蔥頭
✧ 1 條去籽切碎的紅辣椒
✧ 3 湯匙醬油
✧ 2 湯匙威士忌
✧ 25g 蔗糖

1 鍋裡放入紅蔥頭和辣椒，加入番茄醬和其餘材料，混合後中火煮 10 分鐘。

2 以攪拌器攪碎，放涼備用。

法式貝亞恩醬

✧ 4 個蛋黃
✧ 60g 切碎紅蔥頭
✧ 2 湯匙切碎的龍蒿
✧ 150ml 白醋
✧ 250g 奶油
✧ 1 茶匙黑糊椒
✧ 鹽、現磨胡椒

1 切小塊的奶油小火隔水加熱 15-20 分鐘，避免攪動。以漏勺或湯匙撈掉奶油融化後表面的雜質（酪蛋白和乳清），取得澄清奶油。

2 鍋裡不加油乾炒黑糊椒、1 湯匙龍蒿、醋和紅蔥頭。加入 2 個蛋黃和 2 湯匙冷水。小火乾炒攪拌 6-8 分鐘直到攪拌成像沙巴庸蛋黃奶油醬一般的醬汁。慢慢注入澄清奶油，持續攪拌。加鹽和胡椒。

3 醬汁用細篩篩過。最後再加入剩下切碎的龍蒿。

配菜！

馬鈴薯餅
GALETTE DE POMMES DE TERRE

瑞士馬鈴薯煎餅
RÖSTIES

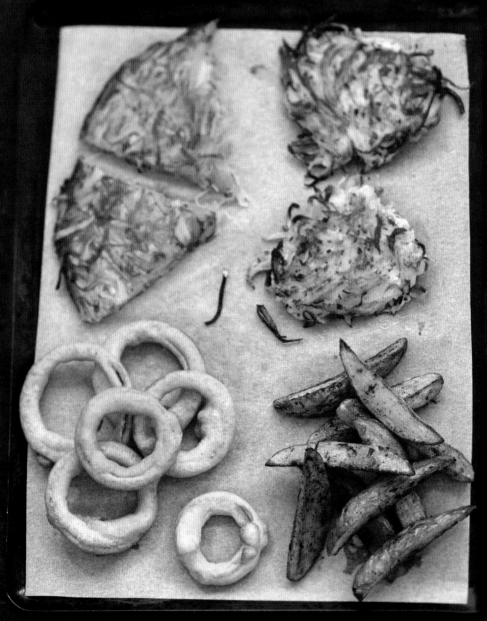

洋蔥圈
ONION RINGS

紐奧良綜合香料馬鈴薯
POTATOES AUX ÉPICES CAJUN

芥末蛋黃醬芹菜葡萄柚沙拉
RÉMOULADE DE CÉLERI
AU PAMPLEMOUSSE

紫甘藍核桃沙拉
SALADE DE CHOU ROUGE AUX NOIX

薯條
FRITES MAISON

葡萄乾高麗菜沙拉
SALADE COLESLAW AUX RAISINS SECS

所有配菜都是6人份

紫甘藍核桃沙拉

♦ 500g 紫甘藍菜　♦ 80g 粗切的核桃仁
♦ 1 湯匙液狀蜂蜜　♦ 6 湯匙核桃油
♦ 4 湯匙酸味不強的醋　♦ 鹽、現磨胡椒

1 紫甘藍刨成細絲。沙拉碗裡用核桃
　油、蜂蜜、醋、鹽和胡椒調製沙拉醋
　醬汁。將紫甘藍絲和核桃仁放入，攪
　拌均勻。

2 放冰箱冷藏 2 個小時。

芥末蛋黃醬
芹菜葡萄柚沙拉

♦ 500g 根芹菜　♦ 1 顆葡萄柚
♦ 3 湯匙蛋黃醬

1 葡萄柚削皮，把白色內層都削乾淨，
　一片片剝下切小塊。切時擠出的汁倒
　入蛋黃醬中。

2 根芹菜削皮刨絲，在沙拉碗中與葡
　萄柚塊混合，分次加入蛋黃醬攪拌均
　勻。置冰箱冷藏 2 個小時。

洋蔥圈

♦ 2 顆白色或黃色大洋蔥　♦ 1 顆雞蛋
♦ 80g 麵粉　♦ 80-100ml 牛奶
♦ 1 湯匙植物油　♦ 鹽　♦ 油炸專用油

1 洋蔥剝淨，切成約 3cm 寬環狀圈圈。

2 分開蛋白和蛋黃。在碗裡混合蛋黃、
　麵粉、植物油、牛奶和鹽。分次加入
　打發成霜的蛋白，慢慢攪拌均勻。

3 洋蔥圈沾上麵糊放入加熱至 180℃ 的炸
　油中 1-2 分鐘，起鍋放在吸油紙上瀝
　油。趁熱食用。

瑞士馬鈴薯煎餅

♦ 400g 馬鈴薯　♦ 1 顆大洋蔥
♦ 1 顆打散的雞蛋　♦ 2 撮肉豆蔻粉
♦ 1 小坨奶油　♦ 3 湯匙料理油
♦ 鹽、現磨胡椒

1 馬鈴薯削皮刨絲（像刨紅蘿蔔絲的作
　法）。洋蔥剝皮刨絲，用手稍微擠出
　馬鈴薯與洋蔥絲的汁。

2 沙拉碗中混合馬鈴薯絲、洋蔥絲、雞
　蛋、肉豆蔻粉、鹽、現磨胡椒。

3 以大平底鍋加熱奶油和料理油混合，
　用湯匙挖起 1 匙混合的材料放入平底
　鍋中，稍微壓扁，以中火兩面各煎
　6-8 分鐘。趁熱食用。

薯條

✧ 600g 馬鈴薯　✧ 鹽　✧ 油炸專用油

1 馬鈴薯削皮切成條狀，洗淨並用乾布擦乾。

2 將薯條放入加熱至 150℃ 的油鍋中炸 7-8 分鐘。瀝乾後放涼。

3 吃的時候將油鍋燒熱至 180-190℃，放入薯條 4-5 分鐘炸至金黃。在吸油紙上瀝乾。撒上鹽趁熱食用。

馬鈴薯餅

✧ 400g 馬鈴薯　✧ 1 小根紅蘿蔔
✧ ½ 個青蘋果　✧ 1 個雞蛋
✧ 1 湯匙濃稠鮮奶油　✧ 20g 奶油
✧ 3 湯匙料理油　✧ 鹽、現磨胡椒

1 馬鈴薯、紅蘿蔔、蘋果削皮刨絲，放入沙拉碗中，加入雞蛋、鮮奶油、鹽、現磨胡椒，攪拌均勻。

2 平底鍋加熱奶油和料理油混合，把攪拌好的馬鈴薯絲平鋪在平底鍋裡，用鍋鏟壓實，中火煎 8-10 分鐘。以盤子反扣的方法將薯餅翻面，再煎 8-10 分鐘直至金黃色。起鍋的馬鈴薯餅放在鋪有烘培紙的烤盤上，放入預熱 180℃（烤度 6）的烤箱中繼續烤 10 分鐘。

葡萄乾高麗菜沙拉

✧ 400g 高麗菜　✧ 1 根大紅蘿蔔
✧ 1 顆小洋蔥　✧ 80g 軟的白葡萄乾
✧ 4 湯匙蛋黃醬（混加很多芥末醬）
✧ 1 湯匙酒醋

1 紅蘿蔔和洋蔥洗淨刨絲，高麗菜也刨成絲，在沙拉碗中拌勻。加上蛋黃醬、醋、葡萄乾。

2 放冰箱冷藏 2 個小時。

紐奧良綜合香料馬鈴薯

✧ 600g 小顆馬鈴薯　✧ 50g 麵粉　✧ 鹽
✧ 60g 紐奧良綜合香料　✧ 130ml 橄欖油

1 馬鈴薯洗淨，不必削皮。每個馬鈴薯縱切成 8 塊。

2 一鍋水中放入麵粉和 3 湯匙橄欖油，煮沸時放入馬鈴薯塊煮 4-5 分鐘。瀝乾。

3 將瀝乾馬鈴薯塊放在烤盤上，加上綜合香料、剩下的橄欖油和鹽，和薯塊攪拌均勻，在預熱 180℃（烤度 6）的烤箱中烤 15-20 分鐘。

純牛肉！

準備時間：20分鐘
烹煮時間：10分鐘

材料：

製做6個漢堡的量

- 6個原味圓形小麵包（作法見p.13）
- 800-900g牛絞肉
- 12片切達起司
- 150g脆葉萵苣
- ½顆洋蔥
- 3湯匙番茄醬（作法見p.16）
- 3湯匙蛋黃醬（作法見p.17）
- 3湯匙植物油
- 鹽、現磨胡椒

CHEESEBURGER CLASSIQUE

傳統起司漢堡

以薯條搭配這美
味漢堡

（作法見p.21）

1 洗淨萵苣，切細。剝淨洋蔥，切碎。

2 牛絞肉加鹽和胡椒，按麵包形狀分成6等份。

3 平底鍋裡加油，中火快煎牛肉排每面3-5分鐘。

4 麵包橫面切成兩半，下層塗蛋黃醬，上層塗番茄醬。
下層放置一半的萵苣，相繼放上1片切達起司、1片
牛肉、再1片切達起司，上面蓋上剩下的萵苣和洋
蔥，蓋上麵包上層，立即享用。

L'AMÉRICAIN CLASSIQUE

傳統美式漢堡

準備時間：30 分鐘

烹煮時間：15 分鐘

材料：

製做 6 個漢堡的量

- 6 個原味芝麻圓形小麵包（作法見 p.13）
- 800-900g 牛絞肉
- 3 個中型番茄
- 6 片切達起司

- 150g 脆葉萵苣
- 2 顆紅洋蔥
- 2 條脆酸黃瓜（醃漬期短的）
- 1 大湯匙紐奧良綜合香料
- 3 湯匙番茄醬（作法見 p.16）
- 3 湯匙蛋黃醬（作法見 p.17）
- 3 湯匙植物油
- 鹽、現磨胡椒

1 洗淨萵苣，切細。洗淨番茄，切片。剝淨洋蔥，切成 3-4 cm 寬的圓片。酸黃瓜切圓片。

2 在沙拉碗裡拌勻牛絞肉、紐奧良綜合香料、1 撮鹽。按麵包形狀分成 6 等份。

3 起油鍋，中火炒洋蔥 4-5 分鐘至變黃，加鹽和胡椒。盛到盤裡。

4 平底鍋快煎牛肉排，每面 3-5 分鐘。

5 麵包橫切成兩半，下層塗蛋黃醬，上層塗番茄醬。下層均勻放置萵苣和洋蔥，相繼放上
   1 片牛肉、1 片切達起司、番茄片和酸黃瓜片。蓋上麵包上層，立即享用。

BURGER AU BLEU

藍紋起司堡

準備時間：30 分鐘
烹煮時間：10 分鐘

材料：
製做 6 個漢堡的量

- 6 個傳統核桃小麵包（作法見 p.12）
- 900g-1kg 夏洛萊牛絞肉
- 300g 昂貝爾藍紋起司
- 4 顆中型番茄
- 150g 美生菜
- 1 湯匙醬油
- 1 大湯匙嗆芥末醬
- 3 大湯匙蛋黃醬（作法見 p.17）
- 3 湯匙植物油
- 鹽、現磨胡椒

1 預熱烤箱內的烤架。

2 洗淨生菜，切細。洗淨番茄，切片。

3 將昂貝爾藍紋起司切成稍微厚的 6 片。

4 在沙拉碗裡拌勻蛋黃醬、芥末醬和醬油。

5 麵包橫切為兩半，在烤架上稍微烤一下，取出麵包，烤箱持續加熱。

6 牛絞肉加鹽和胡椒拌勻，按麵包形狀分成 6 等份。平底鍋裡加油中火快煎牛肉排每面 3-5 分鐘。

7 煎好的牛排肉放在鋪了烘培紙的烤盤上，每片肉排上放 1 片昂貝爾藍紋起司。烤盤置於烤箱最下層，烤箱門打開。

8 麵包上下兩面塗上芥末蛋黃醬。下層均勻放置生菜和番茄片。

9 從烤箱取出牛肉排，放在番茄片之上。蓋上麵包上層，立即享用。

TRIPLE BEEF AU COMTÉ
三層牛肉起司堡

準備時間：40 分鐘
烹煮時間：15 分鐘

材料：
製做 6 個漢堡的量

✢ 6 個原味芝麻小圓麵包（作法見 p.13）
✢ 1.2kg 牛絞肉
✢ 200g 鞏德起司
✢ 3 顆大番茄
✢ 12 片煙燻肉片
✢ 3 條脆酸黃瓜（醃漬期短的）
✢ 150g 美生菜或脆葉萵苣
✢ 1 湯匙切碎的新鮮香草料
✢ 幾滴 Tabasco 辣醬
✢ 3 湯匙番茄醬（作法見 p.16）
✢ 6 湯匙蛋黃醬（作法見 p.17）
✢ 3 湯匙葵花籽油
✢ 鹽、現磨胡椒

> 給最饞的老饕：在每層肉片中間再抹上一點蛋黃醬和番茄醬！

1. 預熱烤箱內的烤架。

2. 洗淨生菜，切細。洗淨番茄，切片。酸黃瓜切片。鞏德起司切成 12 薄片。

3. 牛絞肉加鹽和胡椒，按麵包形狀分成薄薄的 18 等份。

4. 起油鍋，快煎牛肉排每面 2-3 分鐘。保持熱度。

5. 煙燻肉片放在鋪了烘培紙的烤盤上，在烤架上烤 3-4 分鐘，半開烤箱門使肉片保持熱度。

6. 在沙拉碗裡拌勻蛋黃醬、Tabasco 辣醬和切碎的新鮮香草料。

7. 麵包橫切為兩半，下層塗番茄醬，上層塗蛋黃醬。

8. 下層均勻放置一半量的生菜，相繼放上 1 片牛肉、番茄片、酸黃瓜片、1 片鞏德起司。再鋪上 1 片牛肉、1 片鞏德起司、兩片烤過的煙燻肉片，最後再放上 1 片牛肉、1 片鞏德起司和剩下的生菜。蓋上麵包上層，立即享用。

BURGER TEX-MEX

德州風味墨西哥堡

材料：

製做 6 個漢堡的量

- 6 個匈牙利紅椒小圓麵包或原味小圓麵包（作法見 p.13）
- 800 - 900g 牛絞肉
- 2 顆紅椒
- 1 顆黃椒
- 2 顆洋蔥
- 2 瓣蒜頭
- 6 片切達起司
- 1 湯匙匈牙利紅椒粉
- 3 湯匙辣味番茄醬（作法見 p.17）
- 3 湯匙橄欖油
- 3 湯匙植物油
- 鹽、現磨胡椒

1 紅椒、黃椒、洋蔥剝皮切絲。蒜頭剝皮切碎。

2 平底鍋裡放橄欖油中火炒紅椒、黃椒、洋蔥、蒜頭 10 分鐘，不時攪拌。加鹽和一半量的匈牙利紅椒粉。放在平底鍋裡覆蓋鋁箔紙保持熱度。

3 預熱烤箱的烤架。

4 在沙拉碗裡將牛絞肉、剩下的匈牙利紅椒粉、鹽、胡椒拌勻。按麵包形狀分成 6 等份。

5 平底鍋裡以植物油快煎牛肉排每面 3-5 分鐘。

6 麵包橫切為兩半，在烤架上稍微烤一下。

7 麵包上下層塗 1 層辣味番茄醬。下層均勻放置一半量炒好的紅椒、黃椒、洋蔥、蒜頭，放上 1 片牛肉、1 片切達起司，再堆上剩下的紅椒、黃椒、洋蔥、蒜頭。蓋上麵包上層，立即享用。

BURGER DE BŒUF AU BAYONNE

貝庸火腿牛肉堡

準備時間：30 分鐘
烹煮時間：15 分鐘

材料：
製做 6 個漢堡的量

- 6 個咖哩、匈牙利紅椒或原味小圓麵包（作法見 p.13）
- 800 - 900g 牛絞肉
- 6 片貝庸火腿（Bayonne）
- 150g 歐索伊拉提羊起司（Ossau-Iraty）
- 2 顆牛心番茄
- 150g 美生菜或脆葉萵苣
- 2 湯匙埃斯佩萊特辣椒粉
- 3 湯匙蛋黃醬（作法見 p.17）
- 3 湯匙植物油
- 鹽

1 洗淨生菜，切細。洗淨番茄，切片。起司切成薄片。

2 預熱烤箱的烤架。

3 沙拉碗裡將牛絞肉、1 湯匙埃斯佩萊特辣椒粉及 1 撮鹽拌勻。按麵包形狀分成 6 等份。

4 平底鍋裡加油快煎牛肉排每面 3-5 分鐘。

5 貝庸火腿片放在鋪好烘培紙的烤盤上，在烤架下烤 3-4 分鐘呈金黃色。取出烤盤，烤架繼續加熱。

6 麵包橫切為兩半，在烤架上稍微烤一下。

7 在碗裡調勻蛋黃醬和剩下的埃斯佩萊特辣椒粉。

8 麵包上下層塗 1 層混合埃斯佩萊特辣椒粉蛋黃醬。下層均勻放置生菜、番茄片，放上 1 片牛肉、1 片貝庸火腿和起司。蓋上麵包上層，立即享用。

BURGER
CONTINENTAL

歐陸風味堡

準備時間:30 分鐘
烹煮時間:15 分鐘

材料:
製做 6 個漢堡的量

- 6 個雜糧穀物麵包(麵包店可買到)
- 900g - 1kg 牛絞肉
- 12 片培根或燻豬肉片
- 6 顆雞蛋
- 6 片切達起司
- 150g 美生菜或脆葉萵苣
- 25g 奶油
- 3 大湯匙番茄醬(作法見 p.16)
- 3 大湯匙蛋黃醬(作法見 p.17)
- 3 湯匙植物油
- 鹽、現磨胡椒

1 預熱烤箱的烤架。洗淨生菜,切細。

2 將培根或燻豬肉片放在鋪好烘培紙的烤盤上,在烤架下烤 3-4 分鐘呈金黃色。取出烤盤,烤架繼續加熱。

3 麵包橫切為兩半,在烤架上稍微烤一下。

4 牛絞肉加鹽和胡椒拌勻,按麵包形狀分成 6 等份。在平底鍋裡加油快煎牛肉排每面 3-5 分鐘。

5 在另一個平底鍋裡用奶油煎荷包蛋,加鹽和胡椒。

6 麵包下層塗上蛋黃醬,上層塗上番茄醬。下層均勻放置生菜,依序放上 1 片牛肉、1 片切達起司、1 個荷包蛋和 2 片培根。蓋上麵包上層,立即享用。

MINI-BURGERS
迷你堡

準備時間：30 分鐘
烹煮時間：10 分鐘

材料：
製做 6 個迷你堡的量

⁺ 12 個約 50g 的傳統小麵包，
　原味、芝麻、罌粟籽口味皆
　可（作法見 p.12）
⁺ 500g 牛絞肉
⁺ 120g 美生菜
⁺ 150g 熟成米摩勒特起司
⁺ 3 大湯匙蛋黃醬（作法見 p.17）
⁺ 3 大湯匙番茄醬（作法見 p.16）
⁺ 3 湯匙植物油
⁺ 鹽、現磨胡椒

1 牛絞肉加鹽和胡椒拌勻，按麵包形狀分成 12
　個小肉排。

2 用削皮刀將米摩勒特起司削成薄片。

3 洗淨生菜，切細。

4 預熱烤箱的烤架。

5 在平底鍋裡加油，中火快煎牛肉排每面 5-7
　分鐘，保持熱度。

6 麵包橫切為兩半，在烤架上稍微烤一下。

7 麵包下層塗 1 層番茄醬，上層塗 1 層蛋黃
　醬。下層均勻放置生菜，放上 1 片迷你牛肉
　和幾片米摩勒特起司薄片。蓋上麵包上層，
　立即享用。

BURGER À L'ORIENTALE

東方風味堡

準備時間：40 分鐘
烹煮時間：20 分鐘

材料：
製做6個漢堡的量

- 6 個匈牙利紅椒或原味小圓麵包（作法見 p.13）
- 800-900g 牛絞肉
- 1 根圓米茄
- 2 顆紅椒
- 1 小顆紅洋蔥
- 1 把香芹
- 1 把芫荽
- 6 片切達起司
- 1 湯匙孜然籽
- 1 咖啡匙孜然粉
- 1 湯匙哈里薩辣醬
- 3 湯匙蛋黃醬（作法見 p.17）
- 100ml 橄欖油
- 3 湯匙植物油
- 鹽、現磨胡椒

1　洗淨紅椒，切細。洗淨茄子，切成 4-5mm 厚的圓片。

2　平底鍋裡用橄欖油中火煎黃茄子片 4-5 分鐘。以吸油紙吸乾油，鋁箔紙覆蓋保持熱度。

3　用剩下的橄欖油在平底鍋裡中火煎烤紅椒 6-8 分鐘。和茄子放在一起保溫。

4　預熱烤箱的烤架。

5　洋蔥剝皮切碎。

6　沙拉碗裡混合牛絞肉、洋蔥、孜然籽、孜然粉、鹽、胡椒，按麵包形狀分成6等份。

7　在平底鍋裡用植物油快煎牛肉排每面 3-5 分鐘。

8　洗淨剪碎香草，在碗裡和蛋黃醬和哈里薩辣醬混合均勻。

9　麵包橫切為兩半，在烤架上稍微烤一下。

10　麵包上下層塗1層哈里薩辣醬混合的蛋黃醬。下層均勻放置茄子片，依序放上1片牛肉、紅椒絲、1片切達起司、混合香菜。蓋上麵包上層，立即享用。

準備時間：40 分鐘
烹煮時間：20 分鐘

THAÏ BURGER
泰式風味堡

材料：
製做6個漢堡的量

- 6個傳統芝麻麵包（作法見 p.12）
- 800g 牛絞肉
- 300g 新鮮椎茸
- 6片切達起司或一般起司
- 120g 美生菜
- 1 湯匙新鮮薑末
- 1 大茶匙綠芥末
- 150ml 日本甜醬油
- 2 湯匙蠔油
- 3 湯匙蛋黃醬（作法見 p.17）
- 1 湯匙液狀蜂蜜
- 5 湯匙植物油
- 鹽、現磨胡椒

1 洗淨生菜，切細。

2 洗淨椎茸，切細，用一半植物油在平底鍋裡以中火拌炒3分鐘，加入蜂蜜、鹽、胡椒，拌炒一下讓蜂蜜焦糖化。保持熱度。

3 沙拉碗裡混合牛絞肉、薑末、蠔油、胡椒、少許鹽，按麵包形狀分成6等份。

4 預熱烤箱的烤架。

5 用剩下的植物油快煎牛肉排每面2-3分鐘。倒掉鍋中剩油，把醬油澆到牛排肉上，小火兩面各煎4分鐘，將鍋內醬汁澆到牛肉片上，讓牛肉稍微染上一層焦褐外皮。保持熱度。

6 碗裡混合蛋黃醬和綠芥末醬。

7 麵包橫切為兩半，在烤架上稍微烤一下。

8 麵包上下層塗1層綠芥末蛋黃醬。下層均勻放置生菜，依序放上1片牛肉、1片切達起司、炒好的椎茸菇。蓋上麵包上層，立即享用。

BURGER CARPACCIO AUX LÉGUMES GRILLÉS

生牛肉片烤蔬菜堡

製做 6 個漢堡的量

- 6 個小圓麵包，原味或藏茴香或孜然口味（作法見 p.13）
- 500-600g 極薄專製生牛肉片
- 2 條筍瓜
- 1 大根圓米茄
- 120g 芝麻菜
- 100g 塊狀帕瑪森起司
- 4 大湯匙蛋黃醬（作法見 p.17）
- 2 湯匙依您口味的加味芥末醬
- 1 顆萊姆榨汁
- 100ml 橄欖油
- 鹽、現磨胡椒

1 洗淨芝麻菜。洗淨筍瓜和米茄，切成 2-3mm 厚的圓片，在沙拉碗中與一半量的橄欖油、鹽、胡椒拌勻。

2 在烤箱烤架上或在平底鍋裡烤熟筍瓜和米茄，每面烤 5 分鐘，保持它們的脆度。

3 生牛肉片置於盤子上。

4 在碗裡混合剩下的橄欖油、萊姆汁、鹽、胡椒。將此醬汁塗在生牛肉片上，放冰箱冷藏 10 分鐘。

5 混合蛋黃醬和芥末醬。

6 用削皮刀將帕瑪森起司削成薄片。

7 麵包橫切為兩半，下層塗 1 層芥末蛋黃醬，依序放上烤蔬菜、醃生牛肉片、芝麻菜，撒上帕瑪森起司薄片。蓋上麵包上層，立即享用。

準備時間：30 分鐘
冷藏時間：30 分鐘
烹煮時間：15 分鐘

MOUNTAIN BURGER

山區漢堡

材料：

製做 6 個漢堡的量

- 6 個格魯耶爾起司麵包或醃肉丁麵包（作法見 p.12）
- 800-900g 牛絞肉
- 180g 瑞克雷起司
- 150g Batavia 生菜
- 2 條脆酸黃瓜（醃漬期短的）
- 100ml 液狀鮮奶油
- 3 湯匙植物油
- 鹽、現磨胡椒

1 切掉瑞克雷起司的硬外皮。在鍋中煮沸液狀鮮奶油，加入 30-40g 的起司，小火沸煮 4-5 分鐘，一邊攪拌使起司融化。將這個醬汁倒在碗裡，放入冰箱 30 分鐘使之稍微凝固。

2 將剩下的起司切成稍有厚度的 6 片。酸黃瓜切圓片。洗淨切細生菜。

3 預熱烤箱的烤架。

4 牛絞肉加鹽和胡椒，按麵包形狀分成 6 等份。

5 平底鍋用植物油中火煎牛肉排每面 3-5 分鐘。肉排留在平底鍋內，蓋上鋁箔紙保持熱度。

6 麵包橫切為兩半，在烤架上稍微烤一下。

7 麵包上下層塗 1 層起司醬，依序放上生菜、酸黃瓜片、牛肉片、1 片起司。蓋上麵包上層，立即享用。

雞肉 & 其他！

BURGER CROUSTI-POULET

脆皮雞排堡

準備時間：45 分鐘
烹煮時間：10 分鐘

材料：
製做 6 個漢堡的量

- 6 個橄欖麵包或各式種籽傳統麵包（作法見 p.12）
- 6 片雞胸肉，每片約 120g
- 120g 早餐玉米片
- 3 顆中型番茄
- 120g Batavia 生菜或美生菜
- 150g 藏茴香或孜然口味的高達起司
- 2 顆雞蛋
- 60g 麵粉
- 6 湯匙辣番茄醬（作法見 p.17）
- 鹽、現磨胡椒
- 油炸專用油

1. 在深盤子裡打散雞蛋。壓碎早餐玉米片，放在另一個深盤子裡。再另外拿一個深盤子放麵粉。

2. 稍微拍平雞胸肉片，以鹽及胡椒略醃，先沾麵粉，再沾蛋液，再沾壓碎的玉米片。

3. 炸鍋裡熱油。

4. 洗淨切細生菜。洗淨番茄切成圓片。起司切成 6 薄片。

5. 用熱油炸裹粉的雞排 4-5 分鐘。放在吸油紙上吸油。

6. 麵包橫切為兩半，上下層塗 1 層辣番茄醬，下層鋪上一半量的生菜和番茄片，依序放上 1 片炸雞排、1 片起司，再放上另一半生菜。蓋上麵包上層，立即享用。

這款漢堡適合搭配紐奧良綜合香料馬鈴薯

（作法見 p.21）

BURGER POULET-CHÈVRE

起司雞排堡

準備時間：40 分鐘
冷藏時間：30 分鐘
烹煮時間：15 分鐘

材料：
製做 6 個漢堡的量
- 6 個咖哩或芝麻小圓麵包
  （作法見 p.13）
- 6 片雞胸肉，每片約 120g
- 7 小顆相當熟成的卡貝庫起司
- 1 小顆生的甜菜頭
- 2 根紅蘿蔔
- 100g 美生菜
- 1 茶匙埃斯佩萊特辣椒粉
- 2 撮咖哩粉
- 1 湯匙濃稠鮮奶油
- 5 湯匙橄欖油
- 鹽、現磨胡椒

1. 在小鍋裡煮沸鮮奶油，加上 1 顆卡貝庫起司，邊攪拌邊小火煮沸 2 分鐘，讓起司融化。加鹽和胡椒。把這醬汁倒在碗裡，放入冰箱冷藏 30 分鐘，使之稍微凝固。

2. 在深盤子裡混合 3 湯匙橄欖油、辣椒粉、咖哩粉和 1 撮鹽。稍微拍平雞胸肉，放入深盤中，均勻裹上醃料。

3. 預熱烤箱的烤架。

4. 削掉紅蘿蔔和甜菜頭的皮，切成絲，在碗中和剩下的橄欖油、鹽、胡椒混合。

5. 洗淨切細生菜。

6. 平底鍋裡用醃肉的辣油中火炸雞排 6-7 分鐘至呈金黃色。

7. 麵包橫切為兩半，在烤架上稍微烤一下。

8. 麵包上下層塗 1 層卡貝庫起司醬，下層鋪上生菜，依序放上 1 片雞排、1 顆起司、少許甜菜頭紅蘿蔔絲。蓋上麵包上層，立即享用。

INDIAN BURGER

印度風味堡

材料：
製做6個漢堡的量

⚘ 6個原味、南瓜籽或咖哩小圓麵
　包（作法見 p.13）

⚘ 800-900g 羔羊絞肉

⚘ 1 大顆圓米茄

⚘ 100g 美生菜

⚘ 120g 切達起司

⚘ ½ 顆洋蔥

⚘ 2 瓣蒜頭

⚘ 1 湯匙咖哩粉

⚘ 4 湯匙蛋黃醬（作法見 p.17 ）

⚘ 100ml 橄欖油

⚘ 鹽、現磨胡椒

1. 洗淨米茄，切成厚約 2cm 的圓片。洗淨切細生菜。洋蔥、蒜頭剝皮切碎。切達起司切小塊。

2. 沙拉碗中混合羊絞肉、洋蔥、蒜頭、鹽和胡椒，按麵包形狀分成 6 等份。

3. 用一半量橄欖油在平底鍋裡煎烤米茄，每面4-5 分鐘。加鹽和胡椒。盛到盤子裡。

4. 平底鍋裡倒入剩下的橄欖油，快煎羊肉排每面6-8 分鐘。煎好撒上一半量的咖哩粉。

5. 預熱烤箱的烤架。

6. 在碗裡將剩下的咖哩粉和蛋黃醬攪勻。

7. 麵包橫切為兩半，在烤架上稍微烤一下。

8. 麵包上下層塗 1 層咖哩蛋黃醬，依序放上生菜、米茄片、1塊羊肉片、小塊切達起司。蓋上麵包上層，立即享用。

BURGER CHICKEN-CAJOU

腰果雞排堡

準備時間：30 分鐘
冷藏時間：2 小時
烹煮時間：20 分鐘

材料：
製做 6 個漢堡的量

- 6 個原味或芝麻小圓麵包（作法見 p.13）
- 6 片雞胸肉，每片約 120g
- 6 片切達起司
- 150g 美生菜或脆葉萵苣
- 2 顆紅洋蔥
- 50g 腰果
- 1 大條脆酸黃瓜（醃漬期短的）
- 2 湯匙紅咖哩泥
- 3 湯匙蛋黃醬（作法見 p.16）
- 100ml 橄欖油
- 鹽

1. 在深盤子裡混合一半量的橄欖油、¾ 咖哩泥和 1 撮鹽。雞胸肉放入盤中均勻裹上醃料，覆蓋保鮮膜放冰箱冷藏 2 個小時。

2. 剝開洋蔥切絲，在平底鍋裡以剩下的橄欖油中火拌炒 4-5 分鐘，加鹽。盛到盤子裡。

3. 平底鍋裡中火煎雞排和醃料 10-15 分鐘，不時攪拌。腰果粗切一下，放鍋中和雞排一起煎。

4. 預熱烤箱的烤架。

5. 麵包橫切為兩半，在烤架上稍微烤一下。

6. 生菜洗淨切片。酸黃瓜切薄片。

7. 在碗裡混合剩下的咖哩醬和蛋黃醬。

8. 麵包上下層塗 1 層咖哩蛋黃醬，下層鋪上生菜和洋蔥，依序放上 1 片雞排和腰果、1 片切達起司、酸黃瓜薄片。蓋上麵包上層，立即享用。

BREAKFAST BURGER
香腸培根早餐堡

準備時間：40 分鐘
烹煮時間：20 分鐘

材料：
製做 6 個漢堡的量

+ 6 個傳統麵包（作法見 p.12）
+ 6 條豬肉辛辣香腸
+ 6 顆雞蛋
+ 6 大片培根
+ 120g 美生菜或蘿蔓生菜
+ 6 片切達起司
+ 6 大湯匙蛋黃醬（作法見 p.16）
+ 4 湯匙番茄醬（作法見 p.16）
+ 20g 奶油
+ 3 湯匙植物油
+ 鹽、現磨胡椒

1 在碗中打蛋，加鹽和胡椒。平底鍋中以一半量的植物油混合奶油，中火煎蛋捲 5-7 分鐘，以叉子在鍋中攪拌，直到蛋捲稍微焦黃。保持熱度。

2 另一平底鍋裡以剩下的油煎香腸 8-10 分鐘，盛入盤中，保持熱度。

3 倒掉平底鍋中的油，乾煎培根每面 2 分鐘。

4 洗淨切細生菜。

5 預熱烤箱的烤架。麵包橫切為兩半，在烤架上稍微烤一下。

6 麵包下層塗上番茄醬，上層塗蛋黃醬。下層鋪上生菜，放上一些煎蛋捲、1 片培根、切成兩半的香腸、1 片切達起司。蓋上麵包上層，立即享用。

搭配紫甘藍核桃沙拉最對味！

（作法見 p.20）

BURGO
cordero
León), pimiento
de cabra, tomate, cog
de gueres 8,80€

CATE   Burger de 200g
nera   gica, pepinillos,
de   asado, cogollos,
y cebolla 8,90€

CAESAR BURGER

凱撒漢堡

準備時間：30 分鐘
烹煮時間：25 分鐘

材料：
製做 6 個漢堡的量

- 6 個罌粟籽傳統麵包（作法見 p.12）
- 6 小片雞胸肉
- 200g 蘿蔓生菜
- 2 顆雞蛋＋1 個蛋黃
- 150g 塊狀帕瑪森起司
- 30g 酸豆
- 2 瓣蒜頭
- 1 大湯匙嗆芥末醬
- ½ 顆萊姆榨汁
- 1 湯匙伍斯特醬
- 150ml 橄欖油
- 鹽、現磨胡椒

1. 洗淨生菜，稍微切一下。切碎蒜頭。以削皮刀削出帕瑪森起司薄片。

2. 加鹽沸水煮 2 顆蛋 10 分鐘，煮好在冷水下沖洗，剝去蛋殼。

3. 平底鍋以 3 湯匙橄欖油中火煎雞排每面 6-7 分鐘，加鹽和胡椒。煎好的雞排切成長條狀。

4. 預熱烤箱的烤架。

5. 在一個深碗中放入切塊的白煮蛋，加上蛋黃、酸豆、伍斯特醬、芥末醬、萊姆汁、蒜頭、剩下的橄欖油、鹽和胡椒。以電動攪拌器攪拌至醬汁稍微呈黏糊狀（若醬汁太稠，可加一點冷水攪拌），製程凱撒醬。

6. 麵包橫切為兩半，在烤架上稍微烤一下。

7. 麵包下層塗上製好的凱撒醬，鋪上生菜、雞排肉，再淋上凱薩醬，撒上帕瑪森起司薄片。蓋上麵包上層，立即享用。

準備時間：30 分鐘
烹煮時間：20 分鐘

ITALIAN BURGER
義大利風味堡

材料：
製做6個漢堡的量

- 6個小義大利拖鞋麵包（麵包店購買）
- 900g 小牛肩絞肉
- 12 片義大利培根薄片
- 3 顆羅馬番茄
- 150g 義大利佩克里諾起司
- 100g 芝麻菜
- 15 片羅勒葉
- 2 瓣蒜頭
- 4 湯匙蛋黃醬（作法見 p.16）
- 3 大湯匙橄欖油
- 鹽、現磨胡椒

1. 洗淨芝麻菜。洗淨番茄，切圓片。剝開蒜頭切碎。洗淨羅勒葉剪成碎末。以削皮刀將佩克里諾起司削成薄片。

2. 在碗中混合蛋黃醬、蒜末和羅勒末。

3. 預熱烤箱的烤架。

4. 平底鍋不放油，中火乾煎義大利培根薄片 2 分鐘。盛至盤中。

5. 絞肉加鹽和胡椒，按麵包形狀分6等份。

6. 麵包橫切為兩半，在烤架上稍微烤一下。

7. 平底鍋用橄欖油煎肉排每面6-8分鐘。保持熱度。

8. 麵包上下層皆塗上羅勒蛋黃醬，下層鋪上芝麻菜，放上小牛肉排，番茄片、2片義大利培根薄片，撒上佩克里諾起司薄片。蓋上麵包上層，立即享用。

KEBAB BURGER

沙威瑪漢堡

準備時間：40 分鐘
烹煮時間：25 分鐘

材料：
製做 6 個漢堡的量

- 6 個橄欖或各式種籽傳統小麵包
  （作法見 p.12 ）
- 900g 小牛里肌肉
- 6 片切達起司
- 3 顆番茄
- 150g 美生菜或脆葉萵苣
- 1 顆紅蔥頭
- 6 瓣蒜頭
- 1 株香芹
- 幾片薄荷葉
- 1 個希臘式優格
- 3 撮辣椒粉
- 1 湯匙蛋黃醬（作法見 p.16 ）
- 100ml 液狀鮮奶油
- 3 湯匙橄欖油
- 鹽、現磨胡椒

1 剝開 5 瓣蒜頭，放在鍋中以冷水煮沸，用篩子撈起沖冷水。重複 4 次此程序。

2 液狀鮮奶油倒在鍋中，加入煮過的蒜頭、鹽和胡椒，小火煮 6-8 分鐘。以電動攪拌器攪成濃稠的蒜味鮮奶油醬。放涼。

3 小牛里肌肉加鹽和胡椒，在平底鍋中用橄欖油每面快煎 3 分鐘，再轉中火續煎 10-12 分鐘，不時翻面。覆蓋鋁箔紙放置 15 分鐘，切成薄片，保持熱度。

4 最後那瓣蒜頭和紅蔥頭剝皮切碎。薄荷葉和香芹切碎。在碗中混合蛋黃醬、優格、蒜末、紅蔥頭末、薄荷葉、香芹、辣椒粉、鹽、胡椒。

5 預熱烤箱的烤架。麵包橫切為兩半，在烤架上稍微烤一下。

6 洗淨切細生菜。洗淨番茄切成圓片。

7 麵包下層塗上蒜味鮮奶油醬，鋪上生菜和番茄片，放上小牛里肌肉和 1 片切達起司，淋上一些辣味蛋黃醬。蓋上麵包上層，立即享用。

KEFTA BURGER

羔羊烤肉堡

準備時間：30 分鐘
烹煮時間：15 分鐘

材料：
製做 6 個漢堡的量

- 6 個原味或咖哩小圓
  麵包（作法見 p.13）
- 800g 羔羊絞肉
- 2 顆番茄
- 180g 切達起司
- 150g 美生菜
- 1 顆洋蔥
- ½ 把芫荽
- 2 湯匙藏茴香籽
- 6 湯匙香菜白醬（作法
  見 p.16）
- 3 湯匙橄欖油
- 鹽、現磨胡椒

1. 剝開洋蔥切碎。摘下芫荽葉片剪碎。

2. 沙拉碗中混合絞肉、洋蔥、芫荽、藏茴香籽、鹽、胡椒。

3. 用手把肉捏成 18 片小肉排，平底鍋放橄欖油，中火將肉片兩面各煎 3-4 分鐘。保持熱度。

4. 預熱烤箱的烤架。

5. 洗淨番茄，切成丁。生菜切細。切達起司切薄片。

6. 麵包橫切為兩半，在烤架上稍微烤一下。

7. 麵包上下層塗上香菜白醬，下層鋪上生菜和番茄丁，放上 3 片小肉排、幾片切達起司，蓋上麵包上層，立即享用。

以瑞士馬鈴薯煎餅或洋蔥圈搭配這款漢堡
（作法見 p.20-21）

MEZCLA ESPECIAL
CHIP MIX
El SALMÓN ES
DEL MERCADO DE
CATERINA
DIARIAMENT
CHICKE
marinated
with tomato,
onion 5.40€
JAPANESE
VEGETARIANA
gourmet
rocket & assorted
sprouts 2.20€
BURGE

BURGER COCHON

豬豬漢堡

材料：

製做 6 個漢堡的量

+ 6 個卡門貝爾起司麵包或原味
   傳統麵包（作法見 p.12）
+ 800-900g 豬絞肉
+ 12 片煙燻鹹肉
+ 1 塊卡門貝爾起司
+ 100g 綜合生菜
+ 3 湯匙蛋黃醬（作法見 p.16）
+ 1 大湯匙帶籽芥末醬
+ 3 湯匙橄欖油
+ 鹽、現磨胡椒

1 絞肉加鹽和胡椒，按麵包形狀分成 6 等份。

2 預熱烤箱的烤架。

3 洗淨綜合生菜。將卡門貝爾起司切成 5-7mm 厚的
   12 等份。

4 碗中混合蛋黃醬和芥末醬。

5 平底鍋中放油，中火煎豬肉排兩面各 6-8 分鐘，
   盛入盤中，保持熱度。倒掉鍋中的油，乾煎煙燻
   鹹肉兩面各 1-2 分鐘。

6 麵包橫切為兩半，在烤架上稍微烤一下。

7 麵包上下層塗上芥末蛋黃醬，下層鋪上生菜，放
   上豬肉排、2 片煙燻鹹肉、卡門貝爾起司，蓋上
   麵包上層，立即享用。

以芥末蛋黃醬芹菜葡萄
柚沙拉搭配這款漢堡

（請看 p.20）

準備時間：15分鐘
烹煮時間：5分鐘

材料：
製做6個漢堡的量

- 6個牛奶麵包
- 6片2mm厚的火腿肉片
- 12片漢堡專用起司
- 6片生菜
- 4湯匙番茄醬（作法見p.16）
- 30g融化奶油

KIDS BURGER

兒童漢堡

1 預熱烤箱180℃（烤度6）。

2 洗淨生菜，切絲。

3 在烤盤上鋪烘培紙，用小刷子在紙上刷上融化奶油。

4 每片火腿肉切成3片長方形，放在烤盤中，刷上融化奶油。

5 麵包橫切為兩半，放在另一個烤盤上。

6 兩個烤盤都放烤箱烤5分鐘。取出烤盤。

7 麵包上下層塗上番茄醬，下層鋪上半片生菜、3長條型火腿肉、2片起司和另外半片生菜。蓋上麵包上層，立即享用。

魚&蔬菜！

BURGER SARDINES-TAPENADE

黑橄欖醬沙丁魚堡

準備時間：30分鐘
烹煮時間：10分鐘

材料：
製做6個漢堡的量

- 6個油漬番茄或原味小圓麵包
  （作法見 p.13）
- 12條油漬沙丁魚
- 3顆雞蛋
- 3顆番茄
- 1顆青椒
- 2顆中型洋蔥
- 1瓣蒜頭
- 6湯匙黑橄欖醬
- 150ml 橄欖油

1 加鹽沸水裡煮10分鐘雞蛋，煮好後浸入冷水中，剝開白煮蛋，切圓片。

2 番茄洗淨切圓片。青椒剝皮去籽切成細絲。洋蔥剝皮切圓片。

3 沙丁魚瀝乾油。

4 預熱烤箱的烤架。

5 麵包橫切為兩半，上下層塗上橄欖油，在烤架上稍微烤一下。

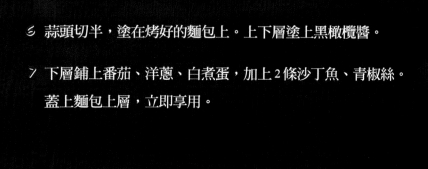

6　蒜頭切半，塗在烤好的麵包上。上下層塗上黑橄欖醬。

7　下層鋪上番茄、洋蔥、白煮蛋，加上 2 條沙丁魚、青椒絲。
　　蓋上麵包上層，立即享用。

熱狗堡 & 貝果！

準備時間：15分鐘
烹煮時間：5分鐘

材料：
製做6個熱狗堡的量
✣ 6個熱狗麵包
✣ 6條法蘭克福香腸
✣ 4湯匙番茄醬（作法見 p.16）
✣ 4湯匙微甜不嗆的芥末醬

HOT-DOG CLASSIQUE

傳統熱狗堡

1 香腸放在微開的沸水中浸泡5分鐘。取出瀝乾水。

2 麵包橫切為兩半，放在盤中覆蓋保鮮膜，放微波熱30秒（或放烤箱熱2分鐘）。

3 麵包裡夾1根香腸，抹上芥末醬和番茄醬。蓋上麵包上層，立即享用。

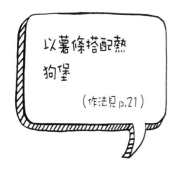

以薯條搭配熱狗堡

（作法見 p.21）

HOT-DOG AU CHORIZO

西班牙臘腸熱狗堡

準備時間：30 分鐘
烹煮時間：30 分鐘

材料：
製做 6 個熱狗堡的量
- 6 條小根的棍子麵包
- 300g 粗西班牙臘腸
- 150g 西班牙曼徹格山羊起司
- 3 顆中型洋蔥
- 1 湯匙埃斯佩萊特辣椒粉
- 4 大湯匙蛋黃醬（作法見 p.16）
- 25g 奶油
- 3 湯匙橄欖油

1. 洋蔥剝皮切絲，平底鍋裡放奶油混合橄欖油中火炒 20-25 分鐘，直至金黃軟綿。

2. 撕掉臘腸外皮，切成很薄圓片。起司刨成絲。

3. 碗中混合蛋黃醬和埃斯佩萊特辣椒粉。

4. 預熱烤箱的烤架。

5. 棍子麵包橫切開，不要全部切斷，在一面上放上炒好的洋蔥泥和臘腸片，撒上起司絲。

6. 棍子麵包攤平放烤盤上，在烤架上烤幾分鐘讓起司融化微焦。

7. 從烤箱拿出麵包，在沒放料的半面塗上埃斯佩萊特辣椒蛋黃醬。蓋上麵包，立即享用。

HOT-DOG CHIPO

豬肉辣香腸熱狗堡

準備時間：20 分鐘
烹煮時間：30 分鐘

材料：
製做 6 個熱狗堡的量

✦ 6 個熱狗麵包
✦ 6 大根香草料豬肉辣香腸
✦ 2 顆中型洋蔥
✦ 120g 芝麻菜
✦ 1 個蛋黃
✦ 1 大湯匙 Savora 嗆芥末醬
✦ 3 湯匙雪莉醋
✦ 1 茶匙液狀蜂蜜
✦ 3 湯匙橄欖油
✦ 80-100ml 植物油
✦ 1 茶匙細砂糖
✦ 鹽、現磨胡椒

1 在碗中混合蛋黃和芥末醬，分次慢慢注入植物油，並不停用攪拌器攪拌，直至成為蛋黃醬。加鹽和胡椒。加入蜂蜜和一點冷水，醬汁要稍成濃稠狀。

2 剝開洋蔥切絲，在炒鍋中以一半量的橄欖油拌炒 15-20 分鐘，加入糖、醋、鹽和胡椒，繼續拌炒 5 分鐘，保持熱度。

3 平底鍋用剩下的一半橄欖油煎香草料豬肉辣香腸 6-10 分鐘，橫腰切成兩截。

4 麵包橫切開，放在微波爐中熱 1 分鐘（或放烤箱熱 2 分鐘）。

5 麵包下層鋪上芝麻菜，放上切成兩半的香草料豬肉辣香腸和炒好的洋蔥。蓋上麵包，立即享用。

HOT-DOG GRATINÉ À L'ANDOUILLE

焗烤肉腸熱狗堡

材料：
製做6個熱狗堡的量

- 6 個熱狗麵包
- 18 片切成 3 公分厚的肉腸
- ½ 顆金冠蘋果
- 2 顆中型洋蔥
- 80g 格魯耶爾起司絲
- 30g 奶油
- 1 茶匙細砂糖
- 鹽、現磨胡椒

1 洋蔥剝皮切絲，平底鍋裡放奶油炒約 10 分鐘，直至稍呈金黃色。

2 蘋果削皮，切成丁，放入炒洋蔥的鍋中，加上糖、鹽、胡椒，小火續煮 8-10 分鐘。

3 撕掉肉腸外皮，切成一半。

4 預熱烤箱的烤架。

5 麵包橫切開，下層塗上洋蔥蘋果泥，放上 6 片切成半的肉腸，撒上起司絲。放好料的下層放進烤箱幾分鐘。

6 蓋上麵包上層，立即享用。

麵包上層也可塗上一層不嗆的芥末醬。

準備時間：30 分鐘
烹煮時間：25 分鐘

HOT-DOG MERGUEZ-OIGNONS

辛辣香腸洋蔥熱狗堡

材料：

製做 6 個熱狗堡的量

- 6 個熱狗麵包
- 6 條辛辣香腸
- 100g 芝麻菜
- 2 大顆洋蔥
- 1 茶匙孜然粉
- 1 湯匙哈里薩辣醬
- ½ 顆萊姆榨汁
- 4 大湯匙蛋黃醬（作法見 p.16）
- 4 湯匙橄欖油
- 鹽、現磨胡椒

1 洋蔥剝皮切絲。

2 平底鍋裡以 3 湯匙橄欖油小火炒洋蔥和孜然粉約 20 分鐘，直至洋蔥軟綿呈金黃色。加鹽和胡椒。

3 另一個平底鍋（或在烤箱烤架上烤）以剩下的橄欖油中火煎辛辣香腸 5-7 分鐘，不時翻動。保持熱度。

4 碗裡混合蛋黃醬、哈里薩辣醬、萊姆汁。

5 麵包橫切開，放進微波爐熱 30 秒（或烤箱 2 分鐘）。

6 麵包上下層塗上哈里薩蛋黃醬，鋪上芝麻菜和洋蔥泥，放上 1 根香辣腸，蓋上麵包上層，立即享用。

BAGEL ŒUF-BACON

培根雞蛋貝果

準備時間：30 分鐘
烹煮時間：20 分鐘

材料：
製做6個貝果的量

✛ 6個貝果
✛ 6顆雞蛋
✛ 12片培根
✛ 6塊切成 ¼ 的油漬番茄
✛ 120g 美生菜
✛ 2株龍蒿
✛ 4大湯匙蛋黃醬（作法見 p.16）
✛ 1湯匙植物油
✛ 鹽、現磨胡椒

1. 在加鹽沸水中煮蛋 10 分鐘，煮好浸入冷水中，剝殼。

2. 平底鍋裡放油，大火煎培根 5-6 分鐘，放在吸油紙上吸油。

3. 摘下龍蒿葉片，切碎。切碎白煮蛋、油漬番茄、培根。

4. 碗裡混合龍蒿碎片和蛋黃醬，加入切碎的白煮蛋、番茄、培根。

5. 預熱烤箱的烤架（或專門夾烤三明治的機器）。

6. 洗淨生菜，切絲。

7. 貝果橫切開，下層鋪上生菜，放上厚厚1層內料。蓋上貝果上層，輕壓一下。

8. 貝果放上烤架烤 4-5 分鐘（或夾進烤三明治的機器）。立即享用。

準備時間：20 分鐘
烹煮時間：5 分鐘

BAGEL SAUMON-CURRY
咖哩鮭魚貝果

材料：
製做 6 個貝果的量

- 6 個芝麻貝果
- 500g 塊狀（或片狀）燻鮭魚
- 2 根紅蘿蔔
- ½ 根小黃瓜
- 100g 沙拉苗（芝麻菜、馬齒莧……）
- 120g 白起司
- 1 茶匙咖哩粉
- ½ 顆萊姆榨汁
- 1 茶匙液狀蜂蜜
- 3 湯匙橄欖油
- 鹽、現磨胡椒

1 紅蘿蔔削皮刨成絲，在碗裡和一半量的橄欖油、鹽、胡椒混合。

2 黃瓜洗淨切圓薄片，在另一碗中和剩下的橄欖油、鹽、胡椒混合。

3 在另一容器中混合白起司、咖哩粉、蜂蜜、萊姆汁、鹽、胡椒。

4 燻鮭魚切成 2-3mm 厚的鮭魚片。

5 預熱烤箱的烤架（或專門夾烤三明治的機器）。

6 貝果橫切開，下層塗上咖哩醬，鋪上沙拉苗、燻鮭魚片、紅蘿蔔絲、黃瓜片。蓋上麵包上層，輕壓一下。

7 貝果放上烤架烤 4-5 分鐘（或夾進烤三明治的機器）。立即享用。

準備時間：30 分鐘　　材料：　　　　　　　 ✛ 120g 美生菜或蘿蔓生菜
烹煮時間：20 分鐘　　**製做 6 個貝果的量** 　✛ 150g 熟成米摩勒特起司
　　　　　　　　　　 ✛ 6 個貝果　　　　　　✛ 1 瓣蒜頭
　　　　　　　　　　 ✛ 600g 每片約 2cm 厚的火雞 　✛ ½ 顆萊姆榨汁
　　　　　　　　　　　　胸肉片　　　　　　✛ 5 湯匙橄欖油
　　　　　　　　　　 ✛ 2 大顆酪梨　　　　✛ 鹽、現磨胡椒

BAGEL MIMO-DINDE À L'AVOCAT

火雞肉起司酪梨貝果

1 平底鍋以一半量橄欖油中火煎火雞肉片每面 6-8 分鐘，加鹽和胡椒，保持
　熱度。

2 切開酪梨，去掉核，粗切酪梨肉，和 1 瓣剝去皮的蒜頭、萊姆汁、鹽、胡
　椒一起以電動攪拌器攪成平滑的泥。

3 以削皮刀把米摩勒特起司削成薄片。

4 生菜洗淨切細絲，在沙拉碗中和剩下的橄欖油、鹽、胡椒混合。

5 火雞肉切成細長片。

6 預熱烤箱的烤架（或專門夾烤三明治的機器）。

7 貝果橫切開，下層塗上酪梨泥，鋪上生菜，放上火雞肉切片，撒上起司薄
　片。蓋上麵包上層，輕壓一下。

8 貝果放上烤架烤 5-7 分鐘（或夾進烤三明治的機器）。立即享用。

準備時間：30 分鐘
烹煮時間：15 分鐘

BAGEL COMME UN PAN BAGNAT

尼斯三明治貝果

材料：

製做 6 個貝果的量

- 6 個原味貝果
- 300g 橄欖油漬鮪魚罐頭
- 12 條油浸鯷魚
- 2 顆大番茄
- 1 顆青椒
- 16 個去核黑橄欖
- 120g 美生菜或脆葉萵苣 或芝麻菜
- 2 顆雞蛋
- 100ml 橄欖油
- 鹽、現磨胡椒

1 加了鹽的沸水煮蛋 10 分鐘，沖冷水，剝掉蛋殼。

2 番茄浸在沸水中 30 秒，取出沖冷水，撕掉外皮，切成小丁。

3 青椒剝皮去籽，也切成小丁。

4 洗淨生菜，切絲。

5 切碎橄欖、鯷魚、白煮蛋。

6 在沙拉碗中混合弄碎的罐頭鮪魚、鯷魚、橄欖、蛋、番茄、青椒、鹽、胡椒

7 預熱烤箱的烤架（或專門夾烤三明治的機器）。

8 貝果橫切開，用刷子上下兩層塗上一點橄欖油，下層鋪上生菜、鮪魚混合內料。蓋上麵包上層，輕壓一下。

9 貝果放上烤架烤 4-5 分鐘（或夾進烤三明治的機器）。立即享用。

BAGEL DE SARDINES À L'AIGRE-DOUX

酸甜沙丁魚貝果

準備時間：30 分鐘
烹煮時間：15 分鐘

材料：
製做 6 個貝果的量

- 6 個芝麻貝果
- 12 條罐頭油漬沙丁魚
- 1 大顆洋蔥
- 100g 芝麻菜
- 1 小把香芹
- 70g 軟的葡萄乾
- 70g 松子
- ½ 顆鹽漬萊姆
- 2 湯匙液狀蜂蜜
- 5 湯匙橄欖油
- 鹽、現磨胡椒

1 鹽漬萊姆用水沖去鹽份，擦乾，挖出果肉切成小丁。

2 洗淨香芹，切碎。剝開洋蔥切碎。

3 大平底鍋裡倒橄欖油，小火拌炒洋蔥 5 分鐘，加上松子再炒 3 分鐘，加入萊姆丁、葡萄乾、稍壓碎的沙丁魚。加鹽、胡椒、蜂蜜，再繼續拌炒 3 分鐘。離火，撒上香芹末混合。先放一邊。

4 預熱烤箱的烤架（或專門夾烤三明治的機器）。

5 芝麻菜稍微切一下。

6 貝果橫切開，下層鋪上芝麻菜，放上沙丁魚混合內料。蓋上麵包上層，輕壓一下。

7 貝果放上烤架烤 5-7 分鐘（或夾進烤三明治的機器）。立即享用。

甜漢堡！

WHOOPIE BURGER AU PRALINÉ

屋比派巧克力杏仁鮮奶油堡

準備時間：45 分鐘
冷藏時間：2 小時
烹煮時間：10-12 分鐘

材料：
製做 12 個屋比派的量
製作餅乾：

✧ 3 顆蛋
✧ 2 湯匙柳橙巧克力碎條
✧ 230g 麵粉
✧ 1 茶匙酵母粉
✧ 120g 放軟的奶油
✧ 2 湯匙裝飾用白糖霜
✧ 120g 細砂糖

製作鮮奶油醬：

✧ 200g 杏仁巧克力
✧ 150ml 液狀鮮奶油

製作芒果凍：

✧ 150ml 濃縮芒果汁
✧ 2 片吉利丁片

1 **準備果凍：**吉利丁片浸在冷水中 10 分鐘，軟化之後取出，在開小火的鍋子裡使之融化，加上芒果汁，攪拌均勻，倒在大平底盤上，覆蓋保鮮膜，冰箱冷藏 2 個小時。

2 **準備鮮奶油：**切碎巧克力，鍋中煮沸 50ml 液狀鮮奶油，加入巧克力，用很小的火煮，攪拌至巧克力融化，放涼。剩下的鮮奶油打發成固體鮮奶油，小心分次加入溶化的巧克力中，放入冰箱冷藏 2 個小時。

3 預熱烤箱170℃（烤度 5-6）。

4 **製作餅乾：**沙拉碗裡混合奶油和砂糖，把蛋一顆顆分次加入，再放入麵粉和酵母粉，攪拌直到成為均勻的麵糊。

5 在鋪了烘培紙的烤盤上，以擠花筒擠出 24 個直徑 6-7cm 的圓麵糰，上面撒上巧克力碎條。入烤箱烤 10-12 分鐘。放涼。

6 果凍結成之後，小心切成比餅乾稍大一點的 12 片方塊（如同漢堡裡夾的起司片）。

7 在餅乾上塗上巧克力杏仁鮮奶油，鋪上 1 片芒果凍，再蓋上 1 塊餅乾，稍微輕壓。撒上糖霜，敬請享用。

AMARETTI BURGER AU CITRON

檸檬義大利杏仁餅漢堡

準備時間：30 分鐘
冷藏時間：2 小時
烹煮時間：12 分鐘

材料：
製做 6 個漢堡的量
製作義大利杏仁餅：

✧ 2 個蛋白
✧ 1 顆綠檸檬的皮切細
✧ 280g 杏仁粉
✧ 1 茶匙杏仁精
✧ 130g 白糖霜＋1 湯匙裝飾用

製作內餡：

✧ 1 顆翠玉蘋果
✧ 300g 馬斯卡邦起司
✧ 1 顆綠檸檬的皮切細
✧ 80g 白砂糖

製作柳橙果凍：

✧ 150ml 柳橙汁
✧ 2 片吉利丁片

1 **準備果凍：**吉利丁片浸在冷水中 10 分鐘，軟化之後取出，在開小火的鍋子裡使之融化，加上柳橙汁，攪拌均勻，倒在大平底盤上，覆蓋保鮮膜，冰箱冷藏 2 個小時。

2 預熱烤箱180℃（烤度 6）。

3 **製作義大利杏仁餅：**沙拉碗中混合蛋白、白糖霜、杏仁粉。加上杏仁精、切細檸檬皮，攪拌成均勻的面糊。

4 在鋪了烘培紙的烤盤上，面糊分成 6 大圓坨，稍微輕壓讓它成為漢堡麵包的形狀。入烤箱烤 10-12 分鐘。放涼。

5 **準備內餡：**沙拉碗中混合馬斯卡邦起司、白砂糖、切細檸檬皮。蘋果洗淨，刨成絲放在另一個碗中（不必削皮）。

6 柳橙果凍結成之後，切成比義大利杏仁餅稍大一點的 6 片方塊（如同漢堡裡夾的起司片）。

7 義大利杏仁餅小心橫腰切成兩半，下層鋪上蘋果絲，塗上馬斯卡邦起司泥，放上 1 片柳橙果凍，蓋上另一半餅乾。撒上糖霜，敬請享用。

搭配什麼酒？

傳統起司漢堡
> 隆河谷地葡萄酒（CÔTE-DU-RHÔNE）
> 啤酒

傳統美式漢堡
> 薄酒萊（BEAUJOLAIS）
> 啤酒

藍紋起司堡
> 卡奧爾紅酒（CAHORS ROUGE）

三層牛肉起司堡
> 希農紅酒（CHINON ROUGE）

德州風味墨西哥堡
> 朗克多克富爵紅酒（FAUGÈRES ROUGE DU LANGUEDOC）

貝庸火腿牛肉堡
> 呂貝宏丘紅酒（CÔTE-DU-LUBERON ROUGE）
> 隆河谷地紅酒（CÔTE-DU-RHÔNE ROUGE）

歐陸風味堡
> 索米爾－尚比尼紅酒（SAUMUR-CHAMPIGNY ROUGE）

東方風味堡
> 普羅旺斯粉紅酒（CÔTE-DE-PROVENCE ROSÉ）

生牛肉片烤蔬菜堡
> 邦多勒紅酒（BANDOL ROUGE）
> 科比埃粉紅酒（CORBIÈRES ROSÉ）

泰式風味堡
> 亞爾薩斯灰皮諾（ALSACE PINOT GRIS）
> 日本啤酒

山區漢堡
> 薩瓦區白酒（SAVOIE BLANC）
> 普羅旺斯白酒（CÔTE-DE-PROVENCE BLANC）

脆皮雞排堡
> 貝爾熱拉克紅酒（CÔTE-DE-BERGERAC ROUGE）

起司雞排堡
> 布露依紅酒（BROUILLY ROUGE）
> 薄酒萊鄉村紅酒（BEAUJOLAIS-VILLAGES ROUGE）

印度風味漢堡
> 安茹紅酒（anjou rouge）

腰果雞排堡
> 居宏頌白酒（JURANÇON BLANC）

酸甜豬排漢堡
> 亞爾薩斯黑皮諾紅酒（ALSACE PINOT NOIR ROUGE）

香腸培根早餐堡
> 貝爾熱拉克紅酒

凱撒漢堡
> 普羅旺斯粉紅酒

義大利風味堡
> 胡西雍丘粉紅酒（CÔTES-DU-ROUSSILLON ROSÉ）

沙威瑪漢堡
> 優級波爾多（BORDEAUX SUPÉRIEUR）

油漬鴨腿堡
> 貝爾熱拉克紅酒
> 索米爾紅酒（SAUMUR ROUGE）

頂級鴨漢堡
> 吉恭達斯紅酒（GIGONDAS ROUGE）

坦都里雞肉堡
> 渥爾內紅酒（VOLNAY ROUGE）

檸檬香雞堡
> 布爾格伊紅酒（BOURGEUIL ROUGE）

羔羊烤肉堡
> 隆河谷地紅酒

豬豬漢堡
> 貝爾熱拉克紅酒
> 蘋果氣泡酒（CIDRE）

米蘭風味堡
> 胡西雍丘粉紅酒

蛋黃醬豬肉堡
> 科比埃紅酒（CORBIÈRES ROUGE）
> 黑啤酒

辛辣香腸堡
> 邦多勒粉紅酒（BANDOL ROSÉ）

鮮魚堡＆薯條
> 啤酒

泰式鮮蝦堡
> 萊陽丘白酒（COTEAUX-DU-LAYON BLANC）

鮭魚堡
> 桑塞爾白酒（sancerre blanc）

烤鮪魚堡
> 桑塞爾白酒

黑橄欖醬沙丁魚堡
> 夜丘村莊白酒（CÔTES-DE-NUITS-VILLAGES BLANC）

炒蛋漢堡
> 麝香白酒（MUSCADET BLANC）

莫札瑞拉起司彩椒堡
> 夏布利白酒（CHABLIS BLANC）

蔬菜核桃堡
> 麝香白酒

傳統熱狗堡
> 啤酒

西班牙臘腸熱狗堡
> 馬迪朗紅酒（MADIRON ROUGE）

豬肉辣香腸熱狗堡
> 新薄酒萊紅酒（BEAUJOLAIS NOUVEAU ROUGE）

焗烤肉腸熱狗堡
> 蘋果氣泡酒
> 希農紅酒

辛辣香腸洋蔥熱狗堡
> 邦多勒粉紅酒

花生雞柳熱狗堡
> 朗克多克區紅酒（COTEAUX-DU-LANGUEDOC ROUGE）

培根雞蛋貝果
> 布露依紅酒

咖哩鮭魚貝果
> 亞爾薩斯麗絲玲白酒（ALSACE RIESLING BLANC）

火雞肉起司酪梨貝果
> 梅鐸紅酒（MÉDOC ROUGE）

鴨胸起司貝果
> 安茹紅酒
> 蓋亞克紅酒（GAILLAC）

尼斯三明治貝果
> 普羅旺斯白酒

酸甜沙丁魚貝果
> 夏布利白酒

屋比派巧克力杏仁鮮奶油堡
> 韋薩爾特紅酒（RIVESALTES ROUGE）

檸檬義大利杏仁餅漢堡
> 韋薩爾特紅酒

對照量表！

液體

公制	美制	另稱
5ml	1 茶匙（法國稱 1 咖啡匙）	
15ml	1 桌匙（法國稱 1 湯匙）	
35ml	⅛ 杯（法國稱 1 咖啡杯）	1 盎司
65ml	¼ 杯或 ¼ 水杯	2 盎司
125ml	½ 杯或 ½ 水杯	4 盎司
250ml	1 杯或 1 水杯	8 盎司
500ml	2 杯或 1 品脫	
1 公升	4 杯或 2 品脫	

固體

公制	美制	另稱
30g	⅛ 盎司	
55g	⅛ 磅（lbs）	2 盎司
115g	¼ 磅	4 盎司
170g	⅜ 磅	6 盎司
225g	½ 磅	8 盎司
454g	1 磅	16 盎司

烤箱熱度

熱度	攝氏溫度	烤箱刻度	華氏溫度
微熱	70℃	刻度2-3	150°F
熱	100℃	刻度 3-4	200°F
	120℃	刻度 4	250°F
中度	150℃	刻度 5	300°F
	180℃	刻度 6	350°F
熱	200℃	刻度 6-7	400°F
	230℃	刻度 7-8	450°F
非常熱	260℃	刻度 8-9	500°F

感謝！

再次感謝 Mango 出版社的 Barbara 和 Aurélie，使這個精美的系列繼續增加新的作品。

感謝 Pierre-Louis，除了拍攝美美的照片之外，還品嚐了一堆我做的漢堡……弄得滿手醬汁 !!!

感謝好友 Gontran Cherrier——巴黎最好的麵包師傅，以及 Fred—— 諾曼地區孟朵市最棒的麵包師傅，他們美味的麵包成就了我的漢堡。同時也感謝 Yves Charles 借我他的一系列頂級刀具。這些刀具可在 www.couteau.com 網站上欣賞、購買。

漢堡聖經：法國食譜天王 53 種必吃漢堡配方大公開！麵包、醬料、
　配菜到肉餡，讓你輕鬆享受 Brumch／瓦雷西‧杜葉（Valéry
　Drouet）著；皮耶路易‧威爾（Pierre-Louis Viel）攝；嚴慧瑩 譯.
　-- 初版. -- 臺北市： 臺灣商務，2015.01
　面　；　公分（Ciel）
譯自 BURGERS! [HOT-DOGS ET BAGELS ENTER POTES]

ISBN 978-957-05-2963-0（平裝）

1. 速食食譜　2. 點心食譜

427.14　　　　　　　　　　　　　　　103017880

Ciel

漢堡聖經

法國食譜天王 53 種必吃漢堡配方大公開！麵包、醬料、配菜到肉餡，讓你輕鬆享受

作　　　者─瓦雷西‧杜葉 Valéry Drouet
攝　　　影─皮耶路易‧威爾 Pierre-Louis Viel
譯　　　者─嚴慧瑩
發 行 人─王春申
總 編 輯─張曉蕊
主　　　編─許景理
責任編輯─黃馨慧
美術設計─吳郁婷
業務組長─王建棠
行銷組長─張家舜
影音組長─謝宜華
出版發行─臺灣商務印書館股份有限公司
　　　　　23141 新北市新店區民權路 108-3 號 5 樓（同門市地址）
電話：(02)8667-3712　傳真：(02)8667-3709
讀者服務專線：0800056196
郵撥：0000165-1
E-mail：ecptw@cptw.com.tw
網路書店網址：www.cptw.com.tw
Facebook：facebook.com.tw/ecptw

Burgers！By Valéry Drouet and Pierre-Louis Viel　Copyright © Mango Editions, Paris - 2013
Complex Chinese translation rights arranged through The Grayhawk Agency
Complex Chinese translation copyright ©2015 by The Commercial Press, Ltd. All rights reserved.

局版北市業字第 993 號
初版一刷：2015 年 1 月
初版十刷：2023 年 3 月
印刷廠：沈氏藝術印刷股份有限公司
定價：新台幣 350 元
法律顧問─何一芃律師事務所
有著作權‧翻印必究
如有破損或裝訂錯誤，請寄回本公司更換